PLANET EARTH

我的趣味地球课
—博物地球—

张玉光◎主编

鸟行天下

北方妇女儿童出版社
·长春·

图书在版编目（CIP）数据

鸟行天下 / 张玉光主编 . -- 长春：北方妇女儿童
出版社，2023.9
　（我的趣味地球课）
　ISBN 978-7-5585-7727-7

Ⅰ . ①鸟… Ⅱ . ①张… Ⅲ . ①鸟类—少儿读物 Ⅳ .
① Q959.7-49

中国国家版本馆 CIP 数据核字（2023）第 161835 号

鸟行天下
NIAO XING TIANXIA

出 版 人	师晓晖
策 划 人	师晓晖
责任编辑	王丹丹
整体制作	北京日知图书有限公司
开 本	720mm×787mm 1/12
印 张	4
字 数	100千字
版 次	2023年9月第1版
印 次	2023年9月第1次印刷
印 刷	鸿博睿特（天津）印刷科技有限公司
出 版	北方妇女儿童出版社
发 行	北方妇女儿童出版社
地 址	长春市福祉大路5788号
电 话	总编办：0431-81629600
	发行科：0431-81629633
定 价	50.00元

目录 CONTENTS

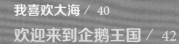

飞鸟自画像

鸟儿是脊椎动物亚门的一纲，自远古爬行类动物进化而来，所以它们一方面继承了爬行动物的某些结构特点，一方面又出现了适应飞行和恒温的新特征。想和鸟儿做朋友，就得先来认识一下鸟儿的身体。

我将和渡博士一起探险飞鸟乐园，期待！

我是渡渡鸟，大家都叫我渡博士，外号"飞鸟·小灵通"。

我叫飞飞，外号"探险·小飞侠"。

渡博士，小脑袋、尖尖嘴、有翅膀，是不是就可以说是鸟儿了？

仔细研究的话，鸟儿的身体结构可大有学问呢！让我用最常见的麻雀来个例说明吧！

谁在说我？

麻雀从上到下可以分为：顶冠、眼、喙、颊、喉、颈、颈侧、背、胸、翅、腹、胫骨、趾、爪、尾下覆羽、尾。现在，敲黑板啦，我要带你认识鸟儿最重要的几个部位啦！

飞羽

羽毛：人靠衣装，鸟靠羽装

看到了吗？鸟儿和其他动物最大的不同，是全身都覆盖着羽毛，就像人类穿的衣服一样。这件"衣服"天冷了保暖，天热了隔热，而且还防水，既轻盈又透气性好，还能助力它们轻巧地飞起来。

那么，鸟儿是只长了一层羽毛吗？

正羽

尾羽

★★★★★
奇妙星值

正羽是鸟类用于飞行的主要羽毛，长在最表层，能防水、保暖，还能使鸟儿看上去很炫酷。鸟儿的飞羽和尾羽都属于正羽。飞羽在翅膀后缘生长，分为初级和次级飞羽，为鸟类飞行提供动力。尾巴上的正羽也叫尾羽，用来保持飞行平衡。绒羽毛茸茸的软软的，也可以保温。人类穿的羽绒服就是用绒羽做成的。

眼睛：视力王者

鸟儿算得上绝对的视力王者，它们视力的锐利程度通常是人类的2~3倍。像老鹰这样的猛禽，其视力的锐利程度是人类的8倍。

鼻孔

★★★☆☆
奇妙星值

鸟儿视力好，看得远、看得清也就算了，它还能在"远视""近视"之间自由切换。鸟儿拥有发达的睫状肌，这使它们从高空俯冲向地面猎食的时候，能瞬间将"远视眼"切换成"近视眼"。

嘴巴，也叫"喙"

鸟儿的嘴巴，专业的称呼是"喙"。喙其实是鸟儿的上颌骨和下颌骨向前长的结果，非骨质，而是硬角质鞘。因此用上下颌骨这样的词来称呼它们的嘴也没什么大毛病。

胸部

脚踝

★★★☆☆
奇妙星值

鸟嘴相当于哺乳动物的嘴唇和牙齿，吃饭、喝水、盖房子、梳理羽毛等所有重活儿、精致活儿，都用它完成。当然，还有呼吸，因为鸟嘴上是有鼻孔的。

脚

鸟类的足趾形状与它们的生活方式息息相关。

跗跖骨，相当于人的脚掌里的骨头；
趾骨，就和人的脚指头里的骨头一样。

一些水禽类如绿头鸭、天鹅，足趾间长着不同形状的蹼，方便它们游泳。

鸟儿的脚除了用于猎捕、走路之外，还能为起飞提供绝佳动力。有些腿短或者腿部力量弱的鸟儿，在平地是飞不起来的，就只能从树上或悬崖上起飞。

鸟儿有个大家族

鸟儿们要拍全家福，在一个镜头里放不下，因为它们庞大到有上万种不同的品种。鸟儿不管什么品种，在分类学上都属于鸟纲。纲，是生物学的分类单位，比如哺乳纲等。纲的下一级叫目，再下一级叫科。

鸟纲下分为29目，再细分为204科。

数量最多的鸟类

世界上超过50%的鸟儿都属于雀形目成员，总数量超过6000种。它们的体形属于中小型。虽然是根据麻雀取了雀形目这个名字，但不是所有雀形目的鸟儿都长得像麻雀，比如乌鸦。

雀形目鸟类特点鲜明，拥有四个长长的、灵活的脚趾，三个向前、一个向后。大都善鸣，又称"鸣禽"，巢多建于树上或灌丛中。

这样的脚趾可以帮它们抓稳很细的树枝、绳索或电线。

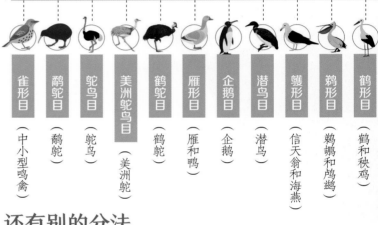

雀形目	鹬鸵目	鸵鸟目	美洲鸵鸟目	鹤鸵目	雁形目	企鹅目	潜鸟目	鹱形目	鹈形目	鹤形目
（中小型鸣禽）	（鹬鸵）	（鸵鸟）	（美洲鸵）	（鹤鸵）	（雁和鸭）	（企鹅）	（潜鸟）	（信天翁和海燕）	（鹈鹕和鸬鹚）	（鹤和秧鸡）

还有别的分法

根据鸟儿的生活习性、形态特征，又可以分为游禽、涉禽、陆禽、猛禽、攀禽、鸣禽和走禽。

在浅水、沼泽一带生活，有红鹳目、鹳形目、鹤形目和鸻形目。

涉禽

肉食，爪子又大又锋利。包括隼形目和鸮形目所有种类，如老鹰、猫头鹰、雕等。

猛禽

游禽

大部分生活在水上，捕食方式不同，嘴巴形状也不相同，有的直而尖，有的呈钩状、锯齿状。企鹅目也是游禽成员。

陆禽

主要在地面上生活。鸡形目、沙鸡目和鸽形目所有种类都属陆禽。

鸟类族谱大公开

鸟纲
—— （29目） ——

鸟类的进化

45 亿～4.18 亿年前	陆地和海洋形成
4.18 亿～3.54 亿年前	第一批两栖动物出现
3.54 亿～2.9 亿年前	四足动物离开水域到陆地生活
2.9 亿～2.52 亿年前	爬行动物兴盛
2.52 亿～2.01 亿年前	恐龙进化出羽毛状结构
2.01 亿～1.45 亿年前	早期鸟类出现，1.5 亿年前始祖鸟出现
1.45 亿～6600 万年前	进化出最初的海鸟，8000 万年前，鸟类大量繁殖
6600 万年前至今	不会飞的鸟类进化成了今天的鸵鸟、鹤鸵等

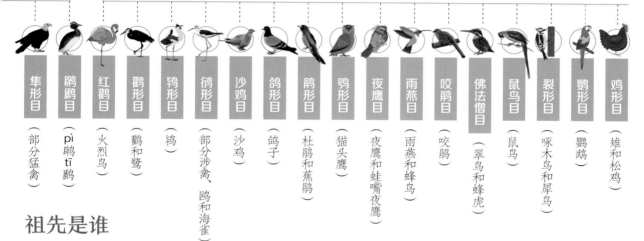

- 隼形目（部分猛禽）
- 鹏鹛目（pì 鹏 tī 鹏）
- 红鹳目（火烈鸟）
- 鹳形目（鹳和鹭）
- 鸠形目（鸠）
- 鸻形目（部分涉禽、鸥和海雀）
- 沙鸡目（沙鸡）
- 鸽形目（鸽子）
- 鹃形目（杜鹃和蕉鹃）
- 鸮形目（猫头鹰）
- 夜鹰目（夜鹰和蛙嘴夜鹰）
- 雨燕目（雨燕和蜂鸟）
- 咬鹃目（咬鹃）
- 佛法僧目（翠鸟和蜂虎）
- 鼠鸟目（鼠鸟）
- 䴕形目（啄木鸟和犀鸟）
- 鹦形目（鹦鹉）
- 鸡形目（雉和松鸡）

祖先是谁

鸟儿的祖先到底是谁？这是个还在探讨的话题。大部分古生物学家认为，鸟儿们都拥有同一个祖先——恐龙。还有古生物学家认为，不同的鸟儿是由不同的生物进化而来的。

不管科学家们怎么"吵"，始终都绕不开一种鸟——始祖鸟，它被认为是最早的鸟类，身上长着羽毛，有长长的带骨质的尾巴和长满牙齿的嘴巴。它因为胸骨小，肌肉不发达，飞行很吃力，只能滑翔。

鸣管发达，善于鸣叫是基本功，比如爱唱歌的喜鹊。

鸣禽

攀禽

为了抓得更稳，攀禽的脚趾一般都是两个在前、两个在后，比如啄木鸟。

走禽

完全或基本无飞翔能力、适应在地面奔走的群类，如鸵鸟目、鹤鸵目等。

✦ 探险飞鸟世界 ✦

亚马孙雨林是全世界鸟类分布最多的地方，现存鸟类的12%都生活在这里，其中有差不多一半鸟类生活在位于秘鲁的玛努国家公园。

嘴巴也是"硬核"装备

鸟的嘴巴主要是用来吃食的，相当于人类用的筷子。当然，打架、梳妆打扮、"盖房子"，也都得靠这张"巧嘴"。既然鸟的嘴巴主要用来进食，其形状和功能与吃什么关系很大，就像人类喝汤用勺子、吃面条儿用筷子或叉子一样。

"硬核"装备一："筷子"

- 代表鸟儿：杓鹬（biāo yù）

像杓鹬这样的海鸟，大部分长了细长的嘴，因为它们最爱吃的是藏在泥沙里面的沙蚕。沙蚕可太会藏了，有的能藏 1 米深。要不是杓鹬的嘴又细又长，还有点儿弧度，就会很难找到沙蚕，所以它们这"筷子"嘴真是太关键了。

现在让我们一起看看，鸟儿都有哪些"奇奇怪怪"的嘴巴吧！

"硬核"装备二："海绵"

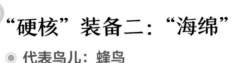

- 代表鸟儿：蜂鸟

蜂鸟是最小的鸟儿，只比蜜蜂大一点儿。和蜜蜂一样，蜂鸟也喜欢花蜜，一天能喝掉的花蜜重量差不多是自己体重的一半。为了插进花里喝蜜，它们的嘴变得很细，而且舌头就像一块海绵，吸饱了花蜜就会膨胀。

看我像不像冬天里的一把火！

"硬核"装备三："筛子"

- 代表鸟儿：火烈鸟

火烈鸟爱吃藻类食物，但水藻、小虾这种东西，又细小又分散，吃起来好麻烦！为了更方便地吃到它们，火烈鸟的嘴巴就进化成了"筛子"：用嘴和舌头中间的缝隙，把水和泥沙过滤出去，只留下水藻、小虾等食物来吃。

"硬核"装备四："钳子"

◎ 代表鸟儿：犀鸟

　　犀鸟是鸟中的"大嘴"，嘴巴是身体的1/3。虽然它们的嘴看起来又笨又重，像个钳子，但它们的嘴巴是空的，很轻巧。它们什么都吃，荤素不忌，昆虫、种子、青蛙，甚至鸟蛋也可以尝一尝。

"硬核"装备五："镊子"

◎ 代表鸟儿：麻雀

　　麻雀是我们的老朋友，鸣禽类里的"熟脸"。大部分鸣禽都和麻雀一样，长着尖尖的嘴。不管小虫子藏在树皮下、树叶上，还是狭窄的缝隙里，这些鸣禽都能用像镊子一样的嘴精准地把它们"夹"出来。

"硬核"装备六："剪刀"

◎ 代表鸟儿：秃鹫

　　跟那些"菜"鸟不一样，猛禽秃鹫是吃肉的，所以嘴巴锋利还带个钩。这样方便它们把嘴刺进动物尸体里，叼住肉，然后用爪子按住，再往反方向一蹬，肉就撕裂下来了，像用剪刀一样方便。

"硬核"装备七："渔网"

◎ 代表鸟儿：鹈鹕

　　鹈鹕的嘴巴很奇特，"下嘴唇"（下颌）挂着一个渔网状的兜子，平常收着，捕鱼时能张得特别大。水里的鱼儿哗啦啦都"流"进来，水顺着嘴边流出去，存留下的鱼儿够吃一个星期呢！

探险飞鸟世界

　　千万不要以为鸟嘴看起来坚硬，如同我们的指甲似的没有知觉。其实，喙上面有细胞和感受器，就和我们的嘴唇一样有触觉，如杓鹬把嘴插进泥沙里的时候，就能感觉到虫子的蠕动。

鸟儿吃什么

简单来说，鸟儿不是吃素，就是吃荤。具体都吃些什么，可以从其嘴巴形态和生活环境看出来。吃"素"的鸟儿有自己的名称——植食性鸟类。但这并不代表它们只吃素，只能说这类鸟儿的主要食物是植物，也会吃点儿小虫子打牙祭。

腺胃
鸟儿的胃分为腺胃和肌胃，腺胃分泌消化液来消化食物。

肌胃
肌胃是个"粉碎机"，相当于鸟的牙齿，里面存着一些小石子儿以便研磨食物，所以也叫砂囊。食物进入肌胃，消化才真正开始。

食管

嗉囊
消化器官的一部分，主要用来软化和储存食物，让食物更好消化。也可将食物从嗉囊中"反刍"以哺喂幼鸟。

小肠
小肠负责吸收已消化食物的营养，剩下的食物残渣进入直肠。

直肠　　**泄殖腔**
直肠吸收水分，把剩下的食物残渣通过泄殖腔排出。

纯素食的鸟儿在自然界并不多见！先来了解一下鸟儿的消化系统吧！

2 犀鸟、巨嘴鸟、蓝冠倒挂鹦鹉、蕉鹃等鸟类腺胃大、肌胃小，肠道粗短，吃水果、浆果几乎不需要研磨。

1 麻雀、金翅雀这种雀科鸟类，主要食物就是植物的种子，包括但不限于麦子、稻谷、玉米等。

匀鸡

③ 植物的芽、叶、根

双角犀鸟

② 水果、浆果

高山金翅雀

① 种子

探险飞鸟世界

鸟儿的大肠（直肠）比较短，不能储存粪便，所以它们都是一边飞一边"高空坠物"，这样可以很好地减轻自身的重量，利于飞行。鸟儿的粪便中还包含鸟儿的尿液。鸟儿没有膀胱，尿液呈白色糊状，和粪便混在一起排出。

3 把植物放在菜单 C 位的鸟儿有很多，鸡形目的鸟儿几乎都是，它们主要吃陆地上的植物；雁形目里的大部分鸟儿把水生植物当作主食；鸵形目鸵鸟科鸟儿则吃开花的灌木、寄生的葡萄植物等。

自然界的大多数鸟儿都吃荤，即便是吃素的鸟儿也会吃点儿昆虫。这边是一些主要以肉为食物的鸟儿。

4 以昆虫为主食的鸟儿叫食虫性鸟类，数量庞大，大概占所有鸟类的一半。它们在冬天会迁徙或改吃别的食物，因为冬天昆虫就不多了。

5 水鸟是消灭鱼虾大户，除了鱼虾，水里、淤泥里的虫子也是它们的最爱。一般来说，嘴巴越长的，越能吃到虫子，因为虫子基本都藏在淤泥里，比如杓鹬。还有蛎鹬、欧绒鸭、翘鼻麻鸭等最爱吃贝类，它们的喙更容易打开坚硬的贝壳。

白琵鹭觅食不依靠视觉和嗅觉，而是靠触觉。它们用小铲子般的喙在水里"扫荡"，捕捉鱼、虾、蟹和软体动物、水生昆虫等。一旦捕捉到，它们便把喙提出水面，将食物吞掉。

黄喉蜂虎

4 昆虫

5 鱼虾

白腰杓鹬

6 脊椎类动物

苍鹰

6 这个菜单，除了猛禽还能有谁！猛禽是地地道道的肉食者，主要吃小型的哺乳动物、鱼、蛇、壁虎，以及其他鸟类。

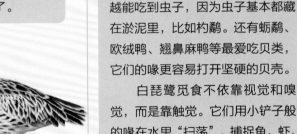

鸟儿的飞行绝技

你知道吗，鸟类起源于 1.5 亿年前的原始爬行动物，在漫长的演化过程中进化出了一系列适应飞行生活的形态结构和生理机能，可以说，它们的身体结构就是为了飞行而进化的。现在，是时候让我们一探它们奇妙的飞行秘密了！

人类想飞的话，得长出至少 10 米高的龙骨突才行。

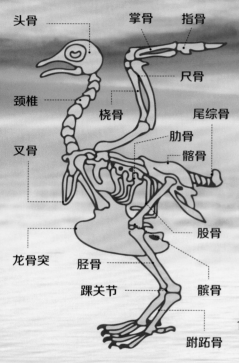

头骨
掌骨
指骨
尺骨
颈椎
桡骨
尾综骨
肋骨
叉骨
髂骨
股骨
龙骨突
胫骨
髌骨
踝关节
跗跖骨

骨头中间是空的

体轻，才能飞起来。为适应飞行，鸟儿的骨骼与其他动物大不相同，它们的骨头是中空的，就像蜂巢一样。因此它们的骨头又轻又薄，全部加起来不超过全身重量的 6%，非常适合飞行。

飞鸟的身体里，有块叫龙骨突的骨骼非常关键。龙骨突是鸟儿胸骨里最突出、棱角最分明的一块骨头，用来支撑飞行有力量的肌肉都长在它上面。龙骨突一般常见于善飞行的鸟类，而像鸵鸟、鸸鹋等丧失飞行能力的鸟类，龙骨突或不发达或退化。

食道

肺

气囊

上抬时翅膀弯曲，羽毛散开，减少空气阻力。下拍时翅膀伸直，羽毛合并，增强助推力和上升力。

双重呼吸，鸟儿才不缺氧

越高的地方空气越稀薄，像苍鹰、大雁这类飞鸟可以借助气流飞上四五千米甚至更高的天空，它们是怎么呼吸的呢？这要隆重介绍一下其呼吸系统，它们拥有海绵状的肺，上面长了 9 个气囊，可以存很多空气。鸟儿飞行时气流由鼻孔吸进，一部分直接入肺，另一部分先进入气囊后进入肺。这样的"双重呼吸"，保证了氧气充足。

海鸥的尾羽呈扇形

尖形翼，翅膀细长，更利于减少阻力，适合在海边滑翔。

红鸢的尾羽呈弧形锯齿状

开翼梢，翅膀长而宽阔，末端羽毛叉开，更适合在空中盘旋。

游隼的尾羽窄而直

翅膀末端稍尖，完全展开后呈细长状，方便高空悬停。

把翅膀扇起来

　　起飞、降落、上下翻飞、空中急刹车、转弯，鸟儿这些飞行动作都离不开翅膀的扇动。每一次扇动翅膀，都是在鼓动气流，让气压产生变化，从而完成飞行动作。翅膀形状不同，鸟儿的灵活程度也不一样。比如，乌鸦翅膀短，且翅膀展开后，两端就像人张开了五指，这叫开翼梢，能使飞行动作非常灵活。而海鸥翅膀长，属尖形翼，翅膀两端是尖尖的形状，势必会飞得快。

飞羽是鸟类翅膀边缘生长的一系列大而坚韧的羽毛，可以使鸟类在飞行过程中产生动力。

尾羽可以在飞行中保持平衡，用来调整方向、协助降落。

半绒羽既像正羽又像绒羽，起到隔热保暖的作用。

羽毛和飞行的关系

　　鸟儿能在空中自由翱翔，凭借的是那一身轻巧又光滑的羽毛，能够帮它减少空气阻力。长在身体最外层的正羽，上面整齐光滑，下面蓬松柔软，为鸟儿打造出适合飞行的流线型身材。尾羽则像船舵一样控制鸟儿飞行的方向。

每一根有飞行功能的羽毛都长有倒刺和羽毛管。

强韧的初级飞羽可为鸟儿提供动力。

羽毛的末端可改变飞行的方向并提供浮力。

| 飞羽 | 尾羽 | 半绒羽 |

覆羽组成了鸟翅光滑的表面，有利于飞行。

初级飞羽

次级飞羽

羽毛时装秀

鸟儿之所以能和其他动物区别开，最重要的一点便是它们长了羽毛。鸟儿的羽毛除了我们提到的保暖、助力飞行等基础功能，还隐藏了许多奇奇怪怪的秘密，比如斑斓的色彩是哪儿来的；有的羽毛是大片的，有的羽毛像鳞片……

一片羽毛很轻，但所有羽毛加起来，比鸟的骨骼还重。

先跟我来认识一下羽毛吧。

优雅的火烈鸟小姐

我知道大家都"垂涎"我的美色，觉得我天生基因好。但我得说个大实话，我之所以长着红粉色的羽毛，是因为吃了大量的含有类胡萝卜素的藻类和甲壳类食物。

📍 咸水湖边儿　　　⋯

长脖子的三色鹭女士 ☀

什么，我的身上有彩虹？那是羽毛反光的效果。羽毛由很多羽小枝勾连组成，阳光照到羽小枝上形成散射，就像三棱镜一样分裂出了彩虹色。角度不同，我羽毛的颜色也不一样。

📍 鱼虾颇丰的湿地　　　⋯

◉ **羽片**
羽片是羽毛的主要组成部分。

◉ **羽枝**
羽轴两侧有很多柔软的羽枝，羽枝通过羽小枝上的细微小勾连在一起，形成羽片。

◉ **羽轴**
羽轴纵向穿过羽毛，下端是空心的。

正在度假的岩雷鸟 ☕

我羽毛的颜色是随着四季变化的。这是为什么呢？为了生存。我生活的地方特别寒冷，离北极近。冬天漫天遍野都是白雪，我就把羽毛换成白色，方便隐身以躲过天敌的追杀。春夏时节，我就长出黑褐色的羽毛，但翅膀和尾巴中间是白的，出现这么鲜明的对比色后就是想"找对象"了。秋天，我的羽毛会变成栗棕色，和周围枯黄的植被融为一体。

📍 北极冻土带和高山地带　　　　　　　　　　　　···

齐步走，————！

大自然的搬运工——雄性沙鸡 ✌

我生活的地区比较缺水。为了给孩子们找点儿水带回去，我腹部的羽毛就变成了"水壶"，能像海绵一样吸满水。我们肚皮上的羽毛一般鸟类可没有。一只娇小的沙鸡竟能够吸收 15~20 毫升的水。

📍 水塘　　　　　　···

得嘞！

哥们儿，我先吸水，你放哨！

长胡子的蟆口鸱 ⛰

仔细看我的嘴，它的周围长着短短的羽毛，叫刚毛。它们像笤帚一样，在我吃饭的时候，把食物"扫"进我的嘴里。

📍 森林　　　　　　···

我们鸵鸟的眼睛上有长长的羽毛，就像人的眼睫毛一样，可以防沙尘。

探险飞鸟世界

羽毛的色彩是怎么来的？一方面因为有的羽毛本身含有色素，也有的是来自羽毛本身的结构，因为羽小枝和蜡质层对光线起到反射或散射作用，从而形成斑斓的色彩。

长途旅行记

你是否发现有些鸟儿一年四季都能看到，而有的鸟儿春天才会来，秋天就飞走了？这些就是候鸟。全球上万种鸟类，40%以上都是候鸟，每年都有上亿的候鸟迁徙，途中会发生什么呢？

"堵车"了，最繁忙的线路

在这些迁徙路线里，有3条经过中国境内，分别是：东非—西亚迁徙线、中亚迁徙线和东亚—澳大利西亚迁徙线。这样一来，经过中国的候鸟就特别多，大概占全球候鸟的20%～25%。所以中国观鸟爱好者可以大饱眼福啦。

东亚—澳大利西亚迁徙线是全球最忙的一条线，也是候鸟数量和种类最多的一条线。它经过了22个国家，每年有492种候鸟飞过，其中光是水鸟就有5000多万只。

燕子：我们身边的迁徙客

要说跟我们最亲近的候鸟，燕子得占个榜首。它们迁徙之前四处乱飞、不断地梳理翅膀，好像在说："咱啥时候能飞？"终于要起飞了，它们飞去哪里？生活在北美的燕子，要飞到南美；欧洲的燕子要飞去非洲；我们国家的燕子，一般飞往东南亚、澳大利亚，也有去海南的。等到第二年春暖花开，雄性燕子先回到"故居"，看看去年的老巢还在不在。如果不在或"塌房"了，就选个好位置重新筑巢。

学者、专家、技术人员们通过努力，终于发现并整理出9条全球候鸟最主要的迁徙路线。导航已开启，请查收。

1 大西洋迁徙线
经过西欧、北美东部和西非狭长地带，跨越整个大西洋。

4 中亚迁徙线
由南到北跨越整个亚洲大陆。

2 大黑海/地中海迁徙线
连接东欧、西非。

3 东非—西亚迁徙线
跨过印度洋，连接东非和西亚。

  探险飞鸟世界

鸟儿迁徙靠什么辨别方向呢？你会发现，有些鸟儿第一次参加迁徙就能找到方向，这是因为它们世世代代迁徙的记忆都刻在基因里了，这就是天赋。还有就是靠幼鸟时代跟随爸爸妈妈迁徙留下的记忆。另外，鸟儿还可以靠山川、河流、海岸线、太阳、星辰、地球磁场等来确定方向。

彼此帮助，节省体力

不管是在书本里，还是亲眼看到过，有队形的候鸟肯定让你记忆深刻。像大雁、天鹅、鹤等大型鸟类，迁徙的时候都有队形，多是"人"字形或"一"字形。

队列里的每一只鸟儿都很辛苦，它们要为后面的小伙伴挡住气流，让大家更省力。排在最前面的领头鸟无疑是最辛苦的。因此大家要互相帮助，轮流飞到前排去带队。

红喉蜂鸟可迁徙长达6000千米，每年7~10月起飞，来年3~5月回程，它们可以不停地飞越墨西哥湾，从中美洲迁徙到遥远的加拿大。

"人"字形飞翔的大雁群

7 美洲—密西西比迁徙线
穿越整个南、北美洲的中西部。

8 美洲—大西洋迁徙线
穿越整个南、北美洲的东部。

9 环太平洋迁徙线
环绕整个太平洋沿岸。

6 美洲—太平洋迁徙线
穿越整个南、北美洲的太平洋沿岸。

大杜鹃可独自迁徙，迁徙行程长达1.2万千米，每年3~5月启程，7~9月返回。

5 东亚—澳大利西亚迁徙线
连接东亚和澳大利亚大陆，跨越印度洋、太平洋。

白鹳，迁徙行程长达1.05万千米，它们在迁徙过程中尽量不扇动翅膀进行滑翔，由陆地产生的热气流可以为它们提供热量，因此它们飞往非洲时，要绕过地中海。

飞鸟小名片

北极燕鸥，环球旅行家，全球飞得最远的候鸟。它每年往返就要飞4万多千米，这个距离能绕地球一周了，一生飞行超过240万千米，是地球到月球距离的很多倍。它是全球唯一能将足迹踏遍七大洲的鸟类。

鸣禽： 天生歌手我最秀

　　鸟儿会鸣叫，但不是所有鸟儿都会唱歌。最会唱歌的是雀形目中的鸣禽，它们是鸟中"麦霸"，善于把枯燥的叫声变得宛转悠扬。鸣禽也叫栖鸟，擅长抓住树枝甚至电线之类的东西让自己立足安身。不是所有的鸣禽都在树上捕食，也有在地面寻找食物，然后再飞到空中吞食的鸣禽。

◎ 鸣管
鸣管位于鸟类胸腔中，当空气从肺部呼出，气流经过鸣管引起整个鼓膜系统震动，从而发出声音。

◎ 气管

◎ 肺

鸣禽的鸣管比其他鸟儿的鸣管发达，周围附着着复杂又强健的肌肉，可以让鸣禽自由地控制声音的高低、快慢，像极了一位超级歌手。

作为"鸟中歌王"，鸣禽界可出了不少红遍大江南北的"歌手"。

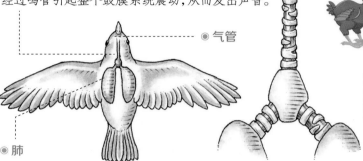

"实力唱将"夜莺

　　夜莺长得并不算漂亮，看上去和麻雀同属一个色系，但它绝对是实力派原创型歌手。它能唱出 200 多种旋律，而且声音高亢，能掩盖过城市里的许多噪音，如汽车喇叭、机械轰鸣。由于它总在夜间活动、求偶、歌唱，所以就有了"夜莺"的名字。

叫声悦耳的百灵鸟

　　在文章里总有这样的比喻，说一个人声音甜美就像百灵鸟一样。百灵鸟不是一种特定的鸟，而是雀形目百灵科的总称，包括云雀、角百灵、小沙百灵、斑百灵等 15 种鸟类，属于小型鸣禽，它们往往边飞边叫。它们可以发出十几种不同的声音，而且还能学习其他鸟类和小动物的声音，是个模仿高手呢。

"白了头"的白头鹎（bēi）

白头鹎的名字听着陌生，却和喜鹊、麻雀一样常见，是城市里的"熟脸"。它头顶为黑色，眉及枕羽为白色，看起来像长了一头白发，所以也叫"白头翁"。它常在树顶歌唱，旋律宛转多变。不过升级成为"爸妈"后，它们的叫声就变得单一了。

飞鸟小名片

长得像乌鸦的乌鸫，嘴比乌鸦"巧"多了，有"百舌鸟"的美称。它叫声嘹亮又旋律丰富，一次能变几十种唱法。不过它经常发出一种尖锐的声音，类似电动车防盗器发出的刺耳的警报声。

"黄脸"的黄颊山雀

听名字就知道，这是一种"黄脸"的山雀，而且发型非常有个性，像一个摇滚歌手。不过，它的叫声并不摇滚，反而非常纤细柔和，符合大部分山雀的特征。它的乐感不错，但旋律有点儿单调，两三个音符不断重复，却相当洗脑。

我是黑枕黄鹂！

黄鹂

黄鹂家族是长相和"唱功"兼具的鸣禽，有27种，体羽鲜亮，多为黄、黑组合。除了悦耳洪亮的叫声，它们还有两个特点：一是脚不沾地，主要生活在阔叶林，很少到地面；二是吃害虫，可以保护树木。

探险飞鸟世界

画眉最鲜明的特色就是白色的眼圈在眼后延伸成狭窄的眉纹，而且叫声动听，因此常被人捕获后放到笼子里养，是出了名的"笼中鸟"。但你可能不知道，它们性格可是很凶的，是出了名的好勇斗狠，所以人们还经常养画眉来"斗鸟"。

涉禽："长腿"部落

涉禽是水鸟的一类，指的是那些生活在水边和沼泽地带的鸟类，包括鹳形目、红鹳目、鹤形目和鸻形目等。涉禽嘴巴长、脖子长、腿长，这些方便它们在水里行走及觅食。涉禽休息时经常单脚站立，待累了后更换另一只。因为它们脚部没有羽毛覆盖，一只脚收进腹部可以保暖，保存热量，也可以防虫咬。

白鹮，鹳形目
体羽白色、飞羽黑色，喙和脚都是**红色**的。
似东方白鹳，但**喙呈红色**而非黑色。
喙叩击时发出**啪哒啪哒**的声响。
于树上、柱子上及烟囱顶营巢。
冬季**结群活动**，取食于湿地。

朱鹮，鹳形目
脸呈朱红色，**喙长而下弯**，嘴端红色。
颈后饰羽长，繁殖期为白或灰色，脚及趾**绯红色**。
在大栎树上结群营巢，在农作区及自然沼泽区取食。
被称为"**东方宝石**"，是**濒危**物种。
全世界也不过**几千只**！

约 4 大种类，至少 210 个种，属 6 大生态类群之一。

种类

涉禽

代表

大中型涉禽 鹳形目、红鹳目、鹤形目（鹤、秧鸡、秧鹤、日鹏与日鸦 5 科）

水雉，鸻形目
会轻功"水上漂"，能在**漂浮的叶子**上行走。
报警时发出**响亮的鼻音**"喵喵"声。
喙黄色或灰蓝（繁殖期），脚及趾**棕灰或偏蓝**（繁殖期）。
初级飞羽**羽尖特长**，形状奇特。

习性特征
喙粗壮而尖锐，静伺或潜行啄捕；或嘴端扁平犹如汤匙（如琵鹭）。
翅长而宽，可作短距离的翱翔。
以鱼、蛙等大型水生生物为食。

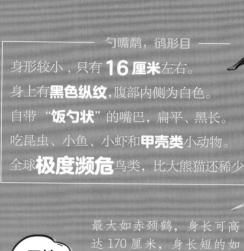

—— 勺嘴鹬，鸻形目 ——

身形较小，只有 **16厘米**左右。

身上有**黑色纵纹**，腹部内侧为白色。

自带"饭勺状"的嘴巴，扁平、黑长。

吃昆虫、小鱼、小虾和**甲壳类**小动物。

全球**极度濒危**鸟类，比大熊猫还稀少。

赤颈鹤是现存地球上最高的飞行鸟类。

最大如赤颈鹤，身长可高达170厘米，身长短的如小滨鹬，只有14厘米。

习性特征

均为湿地水鸟，**体形大小悬殊**。尾巴大多较短。

喙、**脚**、颈比其他类群鸟类长。

① 胫部和跗跖部一般不具羽毛，利其涉水行走。

② 趾间有时具蹼，增加与地面接触面积，利于在湿地上行走。

③ 有的脚趾细长，能在莲叶或浮萍上疾走。

小型涉禽 鸻形目（包括鸻、鹬、滨鹬、杓鹬、反嘴鹬、长脚鹬、蛎鹬、沙雉和麦鸡等多种类型）

习性特征

生活在潮汐港湾的泥地和湿地上。

翅短而尖，飞行迅速而灵活。

体羽多数以灰、褐为主，与沙滩颜色接近，是有效的保护色。

反嘴鹬，鸻形目

喙呈黑色，细长且上翘。腿、脚、趾均为灰色。善游泳，能在水中倒立。进食时其喙往两边扫动进行。常在湖泊、水塘和海边沼泽湿地出没。

蛎鹬，鸻形目

腿、脚及趾是粉红色的。喜欢吃贝类，红色的喙长而直。喙端钝却十分结实，可以撬开贝类的壳。飞行缓慢，振翼幅度大。

金鸻，鸻形目

头大，黑色的喙又短又厚。冬羽呈金棕色，脸侧及下体均色浅。可以连续在空中飞行35个小时。飞行距离可达2000多千米。常栖于滩涂、沙滩、开阔的草地。

猛禽：鸟中"霸总"

隼形目和鸮形目的所有鸟都是猛禽，都属于肉食性鸟类类群。猛禽的数量并不多，但绝对都是"精英"，站在食物链的顶层。它们有鸟类最敏锐的观察力、最强壮的体魄，以及最锋利的爪子和强劲有力的喙嘴。当然，它们中也有不吃活物、专门捡"死尸"吃的，是传说中的食腐动物。

游隼：论战斗，没输过

猛禽都是"战斗机"，游隼是"战斗机"中的佼佼者，因为它的捕猎技巧十分高超。

游隼的猎物一般是鼠类、野鸭等，但也会攻击矛隼、金雕等大体形的猛禽。当发现猎物之后，它会快速飞到高处，然后以180千米/时的速度俯冲，让猎物根本没时间做出反应。当它冲到猎物上方时，会用锋利的爪子撕掉猎物的羽毛，紧接着用尖锐的嘴巴刺穿猎物的后颈，让猎物瞬间失去行动能力。迅猛勇敢，说的就是它了。

我要介绍的这群朋友都不是"吃素"的，个个都是捕猎高手。

王鹫翼展有2米。

王鹫：食腐动物的天花板

猛禽中的鹫类都是吃"死尸"的，若论谁是老大，那必须是王鹫。当其他鹫类发现尸体后正在大快朵颐的时候，王鹫不慌不忙地来了，它一着陆，其他鹫类会自觉地躲闪到一旁，让出美食给王鹫独享。

王鹫的脸非常特别，几乎让人过目难忘。它的头部、脖子和耳垂有着非常鲜艳的色彩，嘴巴上还长着橙色的肉冠。王鹫肉冠越大，它的地位就越高。

苍鹰：老鹰抓小鸡来啦

苍鹰是最常见的猛禽，上身体羽呈深苍灰色，"老鹰抓小鸡"游戏中说的就是它！苍鹰体格健壮，视力敏锐，动作敏捷，能抓着3千克的猎物快速向上飞。

苍鹰通常在丘陵地带活动，或藏于枝叶茂密的丛林间观察猎物，伺机而动。其喙呈钩状，与钩爪通力配合，力量极大，可以轻易撕开猎物。除了雉鸡类，苍鹰还捕食野兔、野鼠类等，有利于农业、林业和牧业发展。

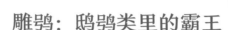

雕鸮：鸱鸮类里的霸王

在鸮形目鸱鸮科里，雕鸮是绝对的霸王，它能轻松抓走比自己重4倍的猎物，一只3千克重的雕鸮，甚至可以抓走一只十余千克重的羊。不过它的食物大部分是黄鼠狼、老鼠、蜥蜴、青蛙、蛇等。尤其是蛇，简直就是雕鸮一生的"挚爱"。

雕鸮每每看到蛇都无比兴奋，它会用自己钢铁似的爪子抓破蛇的鳞片，将蛇撕开。雕鸮因为经常在夜里活动，所以常常捕不到蛇。一旦捕获成功一次，就能高兴好几天，甚至连续两三天不上"夜班"。

飞鸟小名片

白头海雕，美国的国鸟，美国国徽上的鸟就是它，它的形象也经常出现在美国政府大楼里。它的颈骨非常发达，旋转范围能够达到270°，这让它在飞行时视觉范围能够达到360°，能更好地捕捉猎物。

金雕：自带王者风范

金雕体形巨大，翼展可达2米，身长1米，钩子般的嘴巴坚硬异常，双腿粗壮有力，爪子锋利，眼睛也十分锐利，自有一种王者风范。

金雕的飞行能力和捕猎能力都很强，通过双翼和尾巴来控制飞行的方向、高度。捕猎时，它会先在高空中盘旋，俯视地面寻找猎物。等发现目标后，它会立刻收拢翅膀，高速俯冲下去，在要撞上猎物的一瞬间迅速张开双翼减速，同时用锋利无比的爪子将猎物牢牢抓住，一击即中。厉害吧？

鸟中"巧匠"啄木鸟

啄木鸟是攀禽类的代表选手，拥有最强大脑和最独特的身体构造，是善良的"外科医生"、高超的减震技术人员、声学专家，妥妥的"斜杠青年"。在保护森林方面，没有比啄木鸟更出色的"工作人员"了：一对啄木鸟可以让67万平方米的树木不受害虫的侵害。

你好，我是攀禽

相比于起飞，我更擅长攀缘。你看看我的脚趾，两个向前，两个朝后，上面还有爪钩，可以让我牢牢地攀在树干上。当然，还要谢谢我那有力又富有弹性的尾巴，是它给了我一定的支撑，让我不会掉下去。

给大树"治虫病"

我最喜欢吃虫子，如松针毒蛾、蠹（dù）虫、天牛幼虫等，它们都生活在大树身体里，弄得大树时常"生病"，甚至整棵死掉。而我，一个医术高超的"外科医生"，只要给大树做个小手术，就能把这些虫子全吃掉。我效率挺高，一天能治好十几棵大树，吃掉数百只虫子。

我有声波战术

我这笔直坚硬的喙，毫不夸张地说既是听诊器又是手术刀。我会先用嘴敲击树干"听诊"，根据回声的细微差别判断出在哪里有害虫。接着便在"病灶"处凿个洞，用舌头尖端渔叉般的倒刺把虫子钩出来。有些虫子住在舌头够不着的地方，我会用"声波战术"围着虫子外的树干上下左右不停地敲，震得虫子慌不择路往外跑，我就趁机抓住它们。

黄冠啄木鸟

金背啄木鸟

棕腹啄木鸟

白腹黑啄木鸟

小斑啄木鸟

弹簧般的舌头

再看我这个超酷的舌头，又长又有韧性，可以向外伸出超过14厘米，上面还长着倒钩，它就是手术钳子。每次啄木之前，舌头的伸缩就像弹簧一样，可吸收掉大部分冲撞力，是一个很好的缓冲装置，我简直称得上"减震技术专家"。

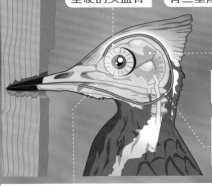

坚硬的头盖骨 **有三重防护作用的大脑**

舌头从上颌后部生出来，穿过右鼻孔分叉成两条，绕过头颅。

舌头经过颈部两侧、下颌，再回到口腔，包裹着整个头盖骨，起到缓冲作用。

眼睛的瞬膜可以瞬间闭上，防止木屑溅入眼睛，起到保护作用。

我有"最强大脑"

试想如果你一秒钟敲击树干20次，每天最多敲1.2万次，你会不会得脑震荡呢？但这对于我们来说可不算什么。这一切得益于我们的头部结构：我们的头盖骨很厚，就像一个坚固的头盔，而且头内部有个软软的海绵状的东西，给了震动一定的缓冲空间。更厉害的是，我们大脑表面包了一层软脑膜，外面又有一层蛛网膜，阻隔了振动波，而且分布在头两侧非常强壮的肌肉也可以防震。

凿的洞是我们的宝宝房。

南美洲有种啄木鸟还善用工具，当够不到虫子时，它会用仙人掌的刺伸进树干里把虫子扎出来。

我还有在树干上钻木筑巢的本领。

✦ 探险飞鸟世界 ✦

啄木鸟能把啄木才能发挥到极致，小伙伴之间聊天时靠敲击树干传递信息；雄鸟求偶时靠敲击树干表达爱意，带着爱的"笃笃笃"更像一种信号。可以说，敲击树干的频率、力度稍加变化就代表了不同的语言和含义，真是既动听又传神。

国宝，我守护了上千年

鸟儿在古人眼里可是有超能力的，它们能飞过人类过不去的高山；候鸟随着季节南来北往，好像掌管着季节似的。所以古人很崇拜鸟儿，还把它们的形象融进了文物造型里，上千年来，它们一直守护着国宝。

欢迎来到鸟儿世界一年一度的"国宝守护者"颁奖典礼，渡博士还被邀请担任解说嘉宾，去看看吧。

我要飞得更高！

国宝一号

鸮卣（yǒu）·商

这个"小鸭子"大有来头，古人叫它凫（fú），是野鸭子一类的水鸟，会飞。这种叫盉（hé）的器皿可以盛酒或放水，多半是用来调和酒的浓淡。整体构思巧妙，是研究西周礼仪制度的代表。

把莲花、鹤当成一种艺术形象是春秋时代的首创。这个时代有著名的"百家争鸣"，思想和舆论相当开放，所以在学术、艺术上都充满了鲜活的创造力。三号守护者已经守护了该国宝 2600 多年。

大大的眼睛，圆滚滚的身材，四条短腿，简直就是"愤怒的小鸟"。这件鸮卣"出生"在商朝，是古人祭祀时放酒的重要礼器。大家能认出它像谁吗？没错，现在有请一号国宝守护者猫头鹰上台领奖。

国宝二号

鸭形盉·西周

国宝三号

莲鹤方壶·春秋

咦，我穿越了？

很荣幸我代表鸮族来领奖。古人叫我们鸮，将我族鸟类视为神鸟，很多国宝上都能看到我们，我们当之无愧。我族已守护这件国宝 3000 多年了，还将继续不遗余力地守护。

在西周，卿大夫这种等级的贵族，多用的就是以我们这样的水禽为原型做成的器皿。我们可是非常厉害"鸭"！

大家看这个方壶，莲花在怒放，我正要振翅高飞，因为我们向往自由，这就是春秋时代也是我族的精神向导，守护此国宝我们义不容辞！

飞鸟小名片

种类： 猛禽类，隼形目鹰科

饮食： 吃肉，小可捉老鼠、蛇、野兔，大可捉山羊、小鹿

特征： 视力极好，嘴弯曲锐利，脚爪呈钩状，肌肉发达

格斗火力值： ★★★★★

在所有鸟类中，天鹅羽毛最多，一只天鹅就有 2.5 万多根羽毛。

在秦始皇陵里除了有兵马俑，还藏着一个"水禽园"，里面有 20 件青铜天鹅及 20 件青铜鸿雁、6 件青铜仙鹤。看着这栩栩如生的青铜器，不得不感慨，天鹅造型的器物在秦朝就出现并且非常珍贵。这个青铜天鹅造型生动，制造工艺也很独特，从而使人们对秦代文明有了进一步认识。

雁鱼铜灯是西汉的环保黑科技，没有烟，没有难闻的味道。那为什么要用雁和鱼来做造型呢？我们有请获奖者上台领奖并发表感言。

国宝六号

雁鱼铜灯·西汉

鹰顶金冠饰是在内蒙古匈奴墓出土的文物，是迄今为止发现唯一的匈奴酋长的金冠饰。为什么匈奴首领要用鹰来做装饰呢？我们有请获奖者自己讲讲吧。

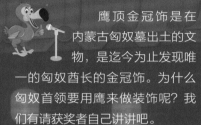

国宝四号

鹰顶金冠饰·战国

国宝五号

青铜天鹅·秦

我们大雁啊专情又仁义，"一生只爱一只雁"，还会善意帮助老弱。我们嘴里那条肥嘟嘟的鱼代表着富足。因此雁鱼铜灯让人们相信，美好终会到来！

匈奴是骁勇善战的北方民族，就像草原上翱翔的雄鹰一样凶猛。这就是我们鹰族获此殊荣的原因。

有人说这些青铜天鹅是来自古老的伊拉克技艺，难道在秦朝两国就有过交流？这至今还是未解之谜。大家怎么看？

新一年的"国宝守护者"投票通道现已开启，快快推荐你喜欢的国宝守护者吧！

我就是王者！

多才多艺的鸟儿

当你以为鸟儿最大的本领是会飞的时候，它们已经开始说"人话"了。有些鸟儿的才能和天赋远远超出了我们的想象，有会口技的，有会高空杂技的，还有盖房子的高手，以及能植树的代表，等等。让我们一起来看看吧。

"口技之王"琴鸟

琴鸟属于雀形目琴鸟科鸟类，人称"口技之王"，但凡它们听到的声音十有八九都能模仿出来，像其他鸟类的叫声、青蛙叫、猫叫、机枪声、电钻声、汽车喇叭声，甚至婴儿哭声、人类说话，琴鸟都可以轻松模仿。

我就是"百变大咖秀"里的王者，八哥、鹦鹉都是我的手下败将。

这个像录音机一样的功能叫"效鸣"，目前发现 15% ~ 20% 的鸣禽有效鸣行为，如鹦鹉等。

会耍杂技的凤头麦鸡

凤头麦鸡是一只长了酷似"凤凰头"的鸡，属于鸟纲鸻形目鸻科凤头麦鸡属。它们不仅颜值高，甚至还会高空杂技，能在快速飞行的同时上下翻腾，就像人类杂技演员在高空翻跟头一样，身姿漂亮，动作潇洒。

我看着优雅，其实是个"暴脾气"，领地意识很强。我上下翻腾是为了吓退那些进入我的领地的动物或人类。

看我给你表演个后空翻！

 探险飞鸟世界

鸟类中有很多可以帮助人类看护农林的小帮手，如杜鹃一天可以吃掉 170 多条毛毛虫；大山雀每天可以吃 200 多条害虫；猫头鹰一年能吃上千只偷吃庄稼的田鼠，相当于帮助农民伯伯守护住了 1 吨的粮食！它们都是农林卫士，我们要好好爱护它们呀！

会植树的卡西亚鸟

卡西亚鸟有个别名叫"植树鸟"，爱吃甜柳树的叶子。它们在张口吃之前，会先从树上咬断一截柳枝，然后在地上啄个洞，把柳枝插进去，这才舒服地开吃。因为甜柳树特别容易存活，它们就这样"无心插柳柳成荫"，成了植树造林的高手。

> 我也叫蓝冠鸦，多生活在美洲大陆，"植树鸟"的名号非我莫属！

筑巢有型才厉害

筑巢对园丁鸟来说是个设计工程，造型要多且新颖别致。它们筑过的巢有帐篷型、林荫道型等。它们会找到许多颜色绚烂的装饰物，比如典雅高级黑（其实就是黑色落叶）、热情一把火（就是红色的叶子、花朵和果实）、蓝色港湾（蓝色的吸管、瓶盖），这些被人类当作垃圾的东西能给它们的家增添绚烂色彩。

> 这么小的鸟儿，居然能搭建出高 1.5 米、直径 2 米的"帐篷"，是不是很不可思议？

飞鸟小名片

拟厦鸟，学名"群居织巢鸟"，长得很像麻雀，却比麻雀能干多了。它们成群结队地一起造房子，能造出比普通鸟巢大几十倍的巢，最重的可达 1 吨，里面能容下 500 只小鸟。

千奇百怪我的家

　　城市里最常见的鸟巢就是建在高高的树杈上的那些。事实上，自然界的鸟巢在造型上千奇百怪，有像布兜的，有像碗的……建筑材料也名目繁多，如泥巴、树枝、羽毛、石头……鸟儿们"盖房子"的手艺都很棒，盖的"房子"不仅外形精巧，还能遮风、挡雨、避天敌。

喜欢和人类做邻居

◎ 代表：燕子、麻雀

麻雀

燕子　我最喜欢把巢筑在人类的屋檐下，因为我的巢都是用泥巴、稻草、草根这样的材料筑成的，最怕下雨，所以有个屋檐遮风避雨是最好不过。别小看我的"茅草房"，它的保暖系数一点儿都不低，很适合鸟宝宝在其中居住。

麻雀　巧了，我也喜欢和人类当邻居，这样我还可以捡食他们掉在地上的食物。不过，我的巢穴都是"藏起来"的，一般在墙洞、烟囱这些地方。

燕子

树洞里的"居民"

◎ 代表：猫头鹰、鹦鹉

猫头鹰　我住树洞里。　　鹦鹉　我也是。

猫头鹰　我有时会搬进啄木鸟凿出的树洞。　　鹦鹉　我也是。

猫头鹰　我在树洞里铺上羽毛和木屑，舒适温暖，方便生小宝宝。

鹦鹉　我也是。

猫头鹰　我能在树洞里隐身，闭上眼看起来就像树皮的一部分，你也是吗？

鹦鹉　那我不行，因为我长得太漂亮了。

猫头鹰　你说我丑！我是走呆萌路线的，喜欢我的人也有很多呢！

猫头鹰

鹦鹉

都是手艺"鸟"

◉ **代表：织布鸟、长尾山雀、缝叶莺**

织布鸟

织布鸟 你看这个倒挂的梨形状"房子"，是我一点点编织出来的，用的是草茎、柳树纤维、草叶等，外面还裹着动物的毛发。"屋里"有我从四处捡来的羽毛、兽毛，我把它们当作柔软的地毯。

长尾山雀 我的房子很特别，是用苔藓、动物皮毛混着蜘蛛网做成的。虽然有点儿小，但非常精致、暖和。

缝叶莺 我的巢虽不大，却是我"一针一线"缝出来的。我用嘴当"针"，在芭蕉、香蕉等植物的大叶子上啄出小孔，用蜘蛛丝、植物纤维、做"线"，先把叶子缝成囊状，然后在里面铺兽毛、草或棉絮。一个舒服的巢就缝好了！

长尾山雀

长耳鸮

燕鸥

缝叶莺

不筑巢的代表

◉ **代表：长耳鸮、燕鸥**

长耳鸮 自己筑巢太累了，捡别的鸟不要的巢省事多了！像老鹰、喜鹊、啄木鸟不要的巢，我都可以捡来居住并在里面哺育下一代。

燕 鸥 我会在地上扒一个坑，直接把蛋生在里面。

> 我虽然体长只有10厘米左右，但谁也不能否认我是鸟类中的"裁缝专家"。

✈ 探险飞鸟世界 ✈

很多鸟儿都不筑巢，部分海鸟会把蛋生在悬崖峭壁上，因为在海边除了岩石就是海滩，树很少。还有一些在沙漠和草地中生活的鸟儿，也因为树少，于是不得不把地面当成家。为了更好地保护自己和蛋宝宝，生活在地面的鸟儿（地栖鸟）通常都有保护色，很难被天敌发现。

奇趣飞鸟找不同

人群中有毫无血缘关系却长得很像的两个人，鸟类也有！两只鸟明明不是一个科，却长得像双胞胎，让人傻傻分不清楚。

乌鸫、乌鸦和八哥

这三位兄弟看起来很像，但其实乌鸫是鸫科鸫属鸟类，乌鸦是鸦科鸦属鸟类，八哥是椋鸟科八哥属鸟类，它们站在一起，还是能看出区别的。

嘴巴和眼圈都是黄色的。

脚是乌青色。

乌鸫

VS

我从头到脚，就连眼珠都是黑的。

我体形最大。

乌鸦

VS

嘴巴上面有竖起来的冠羽。

翅膀上有白色羽毛。

脚和眼球是黄色的。

八哥

鸵鸟和鸸鹋

鸵鸟和鸸鹋分别是世界上最大的鸟类和世界上第二大鸟类。不过，这第一和第二差距还是挺大的，成年后的鸵鸟最大体重可达 160 千克，鸸鹋最多不过 40 千克左右，所以从体形上很容易将它们区分开。还有很多其他细节的不同，让我们看看吧。

我虽然不会飞，却长着大大的翅膀。

我有2个脚趾。

小腿和颈部都没有毛。

鸵鸟

VS

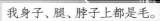

我身子、腿、脖子上都是毛。

我不会飞，翅膀也退化了。

我有3个脚趾。

鸸鹋

鹭与鹤

鹭与鹤都生活在水边，虽然一个是鹳形目鹭科，一个是鹤形目鹤科，但都是涉禽，都有长脖子、长腿、长嘴。有时它们会被人认错，但不同点还是不少的。鹤身材更高大，身高能达1.8米，翼展2米左右。鹭的个头儿更小，有的才高60厘米。鹤的喙部颜色深，较薄，腿部基本是黑色的。鹭的喙部颜色浅，较厚，腿部颜色比较多样。鹤喜欢集体活动，鹭则更倾向于单独行动。鹤的脖子是直的，鹭的头部、喙及颈部重量较重，为保持身体平衡，脖子经常呈S形。

我展翅时翅膀基本与身体持平。

我展翅时翅膀高过身体。

我的羽毛素雅。

我的羽毛丰富多彩。

我后脚趾坚实有力，能轻松站在树枝上。

VS

我后脚趾无力，无法站在树上。

我更擅长跳舞。

鹭

鹤

戴胜鸟和啄木鸟

很多人都觉得戴胜鸟也是啄木鸟的一种，戴胜鸟听了直摇头。戴胜鸟属于佛法僧目戴胜科，啄木鸟属于鴷形目啄木鸟科，根本不是一类。戴胜鸟嘴巴更长一点儿，也有点儿弯，但不是为了敲木头，而是方便插进土里找吃的。同时戴胜鸟头顶有羽冠，飞行路径是呈直线，啄木鸟一般则是波浪线式飞行。

我脚趾三个在前，一个在后，没法儿像啄木鸟一般竖直站在树干上。

我头上无冠，但我有可伸缩的长舌。

VS

戴胜鸟

我主要吃树里的虫子。

啄木鸟

 探险飞鸟世界

除了鸟儿，自然界有很多"撞脸"的动物，比如水里的章鱼、墨鱼、鱿鱼、乌贼；陆地上的刺猬、豪猪、针鼹；海里的海豹、海狮、海狗；丛林里的美洲豹、金钱豹，鼯鼠、花鼠和松鼠，臭鼬和黄鼠狼……

我有脱单秘籍

鸟儿一生最忙碌的时候就是繁殖的季节，寻找心仪的另一半是它们生命中的重头戏。为了完成"脱单"这个使命，鸟儿简直是"八仙过海，各显神通"。

今天这几位朋友之所以能在鸟群里获得"知名度"，绝对有它们的过"鸟"之处。

你看我帅不帅

一到繁殖季，雄性鸣禽就会换上特别绚丽的羽毛用来吸引雌性。雄性极乐鸟为了展示自己的羽毛，会把翅膀高高举起，露出两侧炫目的、长长的红色羽毛；雄性主红雀也把最鲜艳的红色羽毛穿在了身上，生怕雌鸟看不到。

西六线天堂鸟

来，尬舞！

在脱单的"秘籍"里，跳舞是最有技术含量的，也是最有机会和雌鸟亲密接触的。来看看这只勤劳的西六线天堂鸟，别看它黑黢黢的，它可是一位地地道道的绅士。

它知道雌鸟喜欢干净的场所，于是早早就开始打扫卫生，把所有树叶、树枝都从它要表演的"舞台"上清理出去。当雌鸟靠近，它就向着雌鸟鞠个躬，蓝色的眼睛瞬间变成金黄色，羽毛张开像芭蕾舞裙，开始展示一段摇头晃脑、韵律十足的舞蹈秀。

知更鸟

不服？打一架吧

　　没有鸟儿愿意看着自己的"女朋友"飞走，所以它们有极强的领地意识。就拿这只雄性知更鸟来说，它在繁殖季建立的领地只有雌鸟能进入，但凡有别的雄鸟进来，就免不了被它暴力驱赶。所以，会"打架"也是脱单的一项技能。

组团相亲

　　雄性黑琴鸡总是一群群地出现在雌性面前，它们整齐地张开羽毛，把尾巴上的粗羽延伸出来，然后鼓起眼睛上面的红色肉冠开始踱步，传递出"选我、选我"的信号。

　　相比于黑琴鸡的竞争关系，燕尾娇鹟就团结多了。如果一只雄性娇鹟要找对象，它的亲友团就会来帮忙，助力男主角：它们排成一列，轮流翻飞，变换位置，甚至一起跳着迈克尔·杰克逊般的滑步向雌鸟求婚，氛围感瞬间被拉满。

燕尾娇鹟

送点儿小礼物

　　雄性蓝喉蜂虎在求爱的时候，会送一只蜜蜂给雌鸟当礼物。雄性燕鸥则是给雌鸟投喂一条鱼，如果雌鸟接受就代表同意一起生宝宝了。雌鸟接受的姿势也特别可爱，它会模仿鸟宝宝求食的动作——身体低蹲、振动翅膀、张开嘴。看起来爱意满满！

雄性燕鸥

这条鱼代表我的爱！

探险飞鸟世界

　　你肯定注意到了，在鸟儿的世界里，都是雄鸟羽毛比雌鸟绚丽。尤其是在繁殖季，雌性的羽毛会变得更加灰暗。不要误会，雌鸟这样不是为了躲避雄鸟的追求，而是为了更好地隐藏自己，在孵蛋的时候不容易被天敌发现。

热带雨林中的小飞侠

在热带雨林里生活着几千种鸟类，单是亚马孙雨林里就有2000种鸟类。热带雨林太大了，全球的热带雨林面积加起来大约1400万平方千米，那里面的鸟儿都主要生活在哪些地方呢？热带雨林从上到下分层，就像一座高楼，不同的鸟儿住在不同的"楼层"。

巨嘴鸟

大猩猩

露生层
☀100% 50～80米

树冠层
☀95% 30～50米

蕉鹃

林下层
☀5% 1～30米

燕尾娇鹟

鹤鸵

树干

地面
☀2%

让我来带你见证一下这个雨林"鸟社会"的神奇！

顶楼：露生层
穿出树冠的高大乔木，其中住着雕、鹰、犀鸟之类体形比较大的鸟儿。

四楼：树冠层
树冠层住的大部分是小型鸟类，像黄翅斑鹦鹉、紫头美洲咬鹃等。这一层的树冠横着长，像个大大的屋顶，方便小型鸟类躲避天敌。

三楼：林下层
林下层由处于上层林冠之下的植物层组成，居住于此的鸟儿一般都吃花朵和花蜜，比如燕尾娇鹟、歌蚁鸟。

二楼：树干
二楼是树干，这里的鸟儿我们就很常见啦，比如啄木鸟等。

一楼：枯枝落叶层
地面，或叫枯枝落叶层，是雨林阳光最少的地方。这里的鸟如灰翅喇叭声鹤等，多长着暗色的羽毛。它们吃地上的爬虫、落叶和果子等。

角雕

树懒

蝴蝶

金刚鹦鹉

黑猩猩

美洲豹

"嘴强王者" 金刚鹦鹉

金刚鹦鹉是出了名的"嘴硬"，不仅能打开坚硬的坚果外壳，还能把铁皮咬个洞。除此之外，它还是个"碎嘴子"，爱叫不说，嗓门儿还大，声音极具穿透力。它的嘴如果长期不磨合，就会一直长长。

看我！ 看我！

跳探戈的极乐鸟

极乐鸟长得美，还有才艺。雄鸟求偶时，要么张开漂亮的翅膀，形成一个半椭圆形的"幕布"，胸部的羽毛张开，把自己变成一幅画，要么就来一段"探戈"。

极乐鸟

"臭名远扬"的麝雉

麝雉的臭味名扬四海。它身上像堆满了牛粪，让其他鸟类很难靠近。它的消化器官嗉囊非常大，占了体重的三分之一，几乎占据了整个胸腔。消化过程本来就会有难闻的气味，可不就一臭千里了嘛。

灰翅喇叭声鹤

灰翅喇叭声鹤因叫声像喇叭而得名，它还有个特点就是跑得快。它飞行能力不足，憋足劲也仅能飞十来米，可它细长的腿跑起来飞快，能甩掉身后犬科动物的追赶。

啄木鸟

貘

灰翅喇叭声鹤

鹦鹉家族朋友圈

鹦鹉是与人类关系最密切的鸟类之一，中国大概从三国时期就有家养鹦鹉的记载了。为什么人们喜欢养鹦鹉呢？因为它们好看、聪明、会说话。鹦鹉有几百种，被熟知的"网红"鹦鹉有十来种。如果它们开通朋友圈，会是什么场面呢？

> 体形最小的鹦鹉是太平洋鹦鹉，它能长到 10 厘米都算大高个儿了。

虎皮鹦鹉

今天上街又被人认出来了，做一个网红真烦，谁让我们这个家族太庞大，全世界有超过 500 万只，而且五颜六色、小巧可爱，萌坏人类了。

1 小时前　　　　　　　　　　　···

♡ 渡博士、飞飞、非洲灰鹦鹉

渡博士： 你们在老家澳洲可不太受欢迎，农民们尤其烦，因为你们偷吃人家的谷子。

虎皮鹦鹉回复渡博士： 哼，那也不妨碍人类把我们当宠物。

渡博士回复虎皮鹦鹉： 还不是因为你们太多了，售价便宜，入门的选手都买你们。

葵花凤头鹦鹉

不要再夸我的头冠好看了，难道你们不知道它竖起来的时候就代表我生气了吗？我很有才，今天又学了几个词，我们肯定是鹦鹉里最聪明的。

2 小时前　　　　　　　　　　　···

♡ 渡博士、金刚鹦鹉、飞飞

虎皮鹦鹉： 笑死人了，你们中只有雄鸟会说点儿话，雌鸟根本不行。

葵花凤头鹦鹉回复虎皮鹦鹉： 你就别吭声了，你的口齿一向不清晰。

渡博士： 别灰心，你可是活得最久的呀！你们的平均寿命可有 80 ～ 90 年呢。

探险飞鸟世界

鹦鹉为什么能学人说话，除了我们之前说过的鸣管、效鸣之外，还因为它的大脑比其他动物复杂，其中有专门负责模仿声音的区域。训练鹦鹉说话要从它们小时候开始，要有耐心，频繁进行训练。

非洲灰鹦鹉

　　我又学了一些词，我一生能学习 800 多个单词。说话方面，我简直天赋异禀。渡博士都说我是真学霸。

3 小时前

♡ 渡博士、葵花凤头鹦鹉、金刚鹦鹉

紫蓝金刚鹦鹉

　　今天的派对无敌了，就喜欢和朋友们在一起，谁让我是鹦鹉界的"社牛"！我是不是又长高了，好像超过了 1 米，体重也快 1.7 千克了。减肥？不存在，作为鹦鹉界最大的鹦鹉，不算胖！

6 小时前

♡ 渡博士、非洲灰鹦鹉、飞飞

非洲灰鹦鹉： 好喜欢你的蓝色外套哇！

亚马孙鹦鹉

　　我才是鹦鹉界网红鼻祖好吗！看我这身潇洒帅气的绿羽毛，再听听我吹口哨、学小孩儿碎碎念，谁能不被我迷倒！

7 小时前

♡ 渡博士、紫蓝金刚鹦鹉、非洲灰鹦鹉

渡博士： 你太吵了！
虎皮鹦鹉： 你太吵了！
葵花凤头鹦鹉： 你太吵了！
紫蓝金刚鹦鹉： 来我派对，"噪"起来！

牡丹鹦鹉

　　我丈夫去世了，我很难过，呜呜！我从今天起不吃饭了，要去找我的爱人。

7 小时前

葵花凤头鹦鹉： 再找一个吧！
渡博士 回复 **葵花凤头鹦鹉：** 牡丹鹦鹉是出了名的爱情鸟，伴侣死后，另一半多会绝食殉情。
亚马孙鹦鹉： ♥♥♥

我喜欢大海

海鸟是一类热爱大海的鸟儿，种类繁多，全世界的海鸟种类大概有 350 种，生活在中国的有183 种。它们多生活在海洋附近，比起陆地上的鸟儿，它们的寿命更长。

今天这几位朋友之所以能在海鸟群里获得"知名度"，绝对有它的过"鸟"之处。

军舰鸟：世界上速度最快的鸟

从名字就知道军舰鸟的战斗力有多强了，在抓鱼时，它的俯冲速度高达 418 千米 / 时，像一道闪电。它可以在空中停留 10 天不降落，那它怎么睡觉呢？它能一边飞一边睡觉！

信天翁：海上最大的海鸟

信天翁不是指一种鸟，而是大型海鸟的统称，包括 14 种鸟类。信天翁最大的特点就是大，身长最大的超过 1 米，翅膀张开超过 3 米。它的寿命很长，大概 40 ～ 60 年，甚至可以更长。

海鸥："曝光率"最高的海鸟

一说到海鸟，必会想到海鸥，原因就是它太常见了。只要出海航行的人都知道，海鸥就是航行安全的"预报员"。当海鸥贴近海面飞行的时候，预示着未来天气不错。海鸥还常落在浅滩、岩石或暗礁周围，因此航海者可以此判断附近是否有暗礁。海鸥也经常在港口飞行，所以可以给迷航的航行者"领航"。

海鹦鹉：会潜水，长得萌

海鹦鹉是冰岛的国鸟，长着像鹦鹉一样的嘴巴，像企鹅一样的身体。走起路来笨笨的，还总是一脸委屈的样子，仿佛在说"生活好难啊"！可是一旦下水，它就是另一副模样了，不仅游泳速度快，而且能潜到 10 米甚至 200 米的水下，一次可以捕获满满一嘴的小鱼。

鲣鸟：走，把海里的鱼撞晕

鲣鸟的捕猎速度了不得，它可以从 30 米甚至 45 米的高处，以超过 90 千米 / 时的速度向海面俯冲。要知道，从这样的高度以这样的速度冲下来，海面就相当于一面水泥墙，能把骨头撞碎。

可鲣鸟进化出了无比坚硬的头骨，脖子上还有气囊，下降时拼命吸气，让气囊充满气，减少和水面撞击的冲击力。鱼儿可没有这些神奇的功能，它们直接被撞晕，还没等清醒就被鲣鸟吞进了肚子里。

贼鸥：不劳而获的家伙

贼鸥，鸟见鸟烦的坏蛋。它从来不自己动手筑窝，总是霸占别人的巢；它也常常不劳而获，从别的鸟儿嘴里抢吃的，甚至吃企鹅的蛋和刚出生的小企鹅，是企鹅的天敌。为了填饱肚子，它什么都吃，连海豹的尸体和鸟类的粪便都不放过。

鲣鸟长着一双蓝色的大脚。

探险飞鸟世界

企鹅喜欢"扎堆"，因为南极太冷了，它们必须"抱团取暖"。你可能会问，它们挤在一起，中间部分是暖和，那围在最外圈的企鹅岂不要冻坏了？企鹅很聪明，它们挤在一起不断移动着变换队形，外围的向里面推进，而中间的也自然会慢慢走到外面，保证每个成员都能取暖。

欢迎来到企鹅王国

全世界分布的企鹅有6属18种，分别是冠企鹅属、王企鹅属、环企鹅属、黄眼企鹅属、小蓝企鹅属、阿德利企鹅属。企鹅不怕冷，因为它们的羽毛密集地重叠在一起，且皮肤下还有特别厚的脂肪层。

企鹅的体温常年保持在37°C，热量不易流失。

❶ 非主流鼻祖：冠企鹅属

竖冠企鹅
我有向上竖立的黄眉毛，冠企鹅里只有我能竖起眉毛。

北跳岩企鹅
我们生活在印度洋、南太平洋小岛、南美洲海岸等地，黄色挑染的发型上下翻飞，我们一生放荡不羁、脾气暴。

南跳岩企鹅
我的黄眉像意大利面，还和跳岩企鹅很像，但我比它高20厘米。

马可尼罗企鹅
我生活在新西兰，我嘴上没毛，白、粉都是我的肤色。

斯岛企鹅
我和邻居斯岛企鹅很像，但我嘴上有毛。

峡湾企鹅

❸ 别问我是几环：环企鹅属   ❹ 黄眼企鹅属 ❺ 小蓝企鹅属

非洲企鹅
天一热，我眼周皮肤就变成少女粉，嘴上还有白环。

麦哲伦企鹅
是麦哲伦和他的探险队发现了我，我脖子下有两条黑环。

洪堡企鹅
我的白色眉毛均匀圆润，肚皮上有很多斑点。

加岛环企鹅
我生活在南美洲科隆群岛，脸是环企鹅里最黑的，也是唯一分布在赤道区的企鹅。

黄眼企鹅
我们属就我一种，我喜欢在森林里生活，我的黄眼睛为我代言。

小蓝企鹅
我有蓝色的羽毛，还是世界上最小的企鹅，成年后身高才43厘米左右，像个企鹅幼崽。

42

1 　竖冠企鹅生活在新西兰、澳大利亚和阿根廷；马可尼罗企鹅生活在南极半岛至亚南极群岛；大背头、V字眉是斯岛企鹅的典型标志。

2 　王企鹅属生活在南极洲、印度洋和大西洋南端的众多群岛，王企鹅脖子下有橘色羽毛，头和身体的羽毛没有间隙；帝企鹅耳朵后有渐变的橙色羽毛，头和身体的羽毛有白色间隙。

3 　非洲企鹅生活在非洲西南岸；麦哲伦企鹅生活在南美洲阿根廷、智利和马尔维纳斯群岛沿海；洪堡企鹅睡觉时把头藏在鳍脚下；加岛环企鹅也叫科隆企鹅，是所有企鹅里地理分布最靠北的。

❷ 我们不是双胞胎：王企鹅属

4 　黄眼企鹅生活在新西兰。

5 　小蓝企鹅多生活在南澳大利亚及新西兰、智利的海岸。

6 　巴布亚企鹅生活在马尔维纳斯群岛、南乔治亚和凯尔盖朗群岛；阿德利企鹅在环绕南极的海岸及附近岛屿生活；帽带企鹅多生活在南桑威奇群岛、南极洲、南奥克尼群岛、南设得兰群岛等地。

皇家企鹅
我生活在澳大利亚，我的脸煞白，而且我报复心强。

王企鹅
人们在没发现帝企鹅之前，都说我是最大的企鹅。

帝企鹅
我能长到120厘米，王企鹅最高不过90厘米，就说我多有皇帝相。

❻ 呆萌：阿德利企鹅属

巴布亚企鹅
我有橘色的嘴和脚，眼睛上有白斑，个头儿在帝企鹅、王企鹅后，我穿着"燕尾服"，更像个绅士。

阿德利企鹅
我脸纯黑，有白眼圈，还是虎爸，会让孩子们竞争，强的被留下，弱的赶出去。

帽带企鹅
我像戴着一顶海军帽，脖子下还有一圈帽绳，我的胆子和侵略性是企鹅里最大最强的。

飞鸟小名片

　大海雀长得跟企鹅非常像，黑白两色、不会飞，甚至企鹅这个名字从前也属于它。可惜的是，因为人们不断猎杀，大海雀已经于1844年7月3日灭绝了。

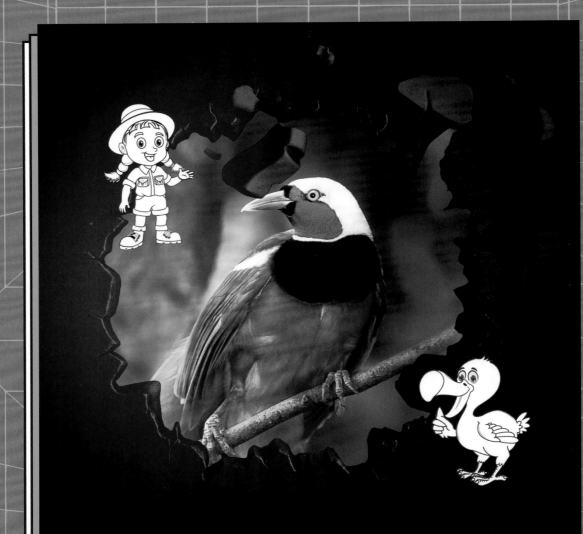

项目统筹：杨　静　　美术编辑：张大伟　　图片提供：视觉中国

文图编辑：杨　静　　封面设计：罗　雷　　　　　　　　站酷海洛

文稿撰写：霍晨昕　　版式设计：张大伟　　　　　　　　全景视觉